KB0904:35

국가 직무
능력 표준

현장실무중심의
NCS 서양조리(Ⅱ)

National Competency Standards

최광수 · 김병헌 공저

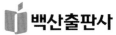

백산출판사

머리말

저자가 실무에서 경험을 바탕으로 후진양성의 길을 걸으면서 대학에서
강의하는 동안 틈틈이 전공교재를 집필해 왔는데 최근 NCS란 교육과정이
도입되면서 새로운 커리큘럼 교육을 필요로 하게 되었다.

이에 따라, 기존 강의에 활용하던 저서를 중심으로 NCS 커리큘럼에 맞
게 보강 집필하여 학생들에게 유익한 교육교재가 되도록 하기 위해 열정을
기울여 집필작업을 하였다.

또한 본 저자의 대학은 '로마 호텔식당서비스학교' 디플로마 과정을 진행
하기 때문에 디플로마과정 커리큘럼과 서양조리기능사를 중심으로 내용을
정리하였다.

NCS 과정은 아시다시피 '국가직무능력표준'으로 현장실무 적응 교육방
법으로 평가방법부터 세부적이고 실습 준비과정까지 현장 실무형으로 진
행되기 때문에 학생과 교수 사이의 밀착형 교육이 진행될 것이다.

따라서 본 교재에서는 서양조리(Ⅰ), 서양조리(Ⅱ) 각각 5단계 능력단위
요소 수준으로 총 10단계 능력단위요소로 구성하였다. 그러므로 학생들에
게는 조리를 체계별로 배우는 용이한 점이 있고 이해도가 높을 것이다.

원고작업에 많은 노력을 기울였으나 부족한 점이 있으리라 생각되며 미비한 점은 앞으로 계속해서 보강해갈 것을 약속합니다.

끝으로 한 권의 책으로 나오기까지 물심양면으로 지원을 아끼지 않으신 백산출판사 진욱상 사장님과 디자인에서 제작에 이르기까지 꼼꼼하게 정성들여 만들어준 편집부 직원 여러분들에게 진심으로 감사드립니다.

2015. 5

저자 일동

이론편 | 와인의 종류와 특징 · 11

실기편

4. 파스타조리   99

이론편

▌ 와인의 종류와 특징

Bava, Violoncello
Barbaresco

- **생산국** : Italy
- **용도** : 테이블와인
- **요리** : 육류, 돼지, 버섯
- **특징** : 다양한 아로마향은 오크통 숙성으로 풍부해진 바닐라 향과 잘 어우러져 복잡·미묘한 향을 선사한다. 오크통 숙성으로 유연해진 알코올과 잘 농축된 과실의 풍성함은 입을 벨벳처럼 적셔준다. 서빙 전에 미리 오픈하고 실온보다 약간 낮은 온도일 때 서빙하면 풍부하고 깊은 와인을 즐길 수 있다.

Bava,
Contrabbasso Barolo

- **생산국** : Italy
- **용도** : 테이블와인
- **요리** : 육류, 스테이크, 치즈, 버섯
- **특징** : 오렌지빛이 살짝 감도는 빛나는 석류빛 와인으로 벨벳처럼 부드럽다. 말린 바이올렛과 야생장미의 향이 진하게 퍼지며 매우 독특하고 오묘한 부케향과 풍부한 맛의 훌륭한 조화가 기분 좋은 여운을 선사한다.

- **생산국** : Italy
- **용도** : 테이블와인
- **요리** : 돼지고기
- **특징** : 짙은 루비빛을 지닌 와인으로 바닐라향과 초콜릿향이 강하게 느껴진다. 풀바디 와인으로 전체적으로 안정된 구조를 지녔으며 불고기를 비롯하여 한국음식과도 잘 어울린다.

Col D'Orcia, Brunello di
Montalcino Riserva

- **생산국** : Italy
- **용도** : 테이블와인
- **요리** : 육류, 치즈
- **특징** : 깊고 짙은 루비 색상을 띠고 있다. 잘 익은 블랙체리와 스파이시한 과일향이 새로 만든 오크의 향과 잘 어우러졌다. 오크통 숙성으로 유연해진 알코올과 잘 농축된 과실의 풍성함은 진한 점성과 함께 입 안을 벨벳처럼 적셔준다.

Bava, Stradivario
Barbera d'Asti

Sassicaia

- **생산국** : Italy
- **용도** : 테이블와인
- **요리** : 육류, 치즈
- **특징** : 사시카이야는 이태리 와인 산지의 중심이며 3대 와인 산지 중 하나인 토스카나에서 태어났다. 이태리의 와인 등급체계 중 가장 고급인 DOCG를 뛰어넘어 더욱 고급와인으로 불리는 것이 바로 슈퍼 투스칸(Super Tuscan)인데, 사시카이야는 최초의 슈퍼 투스칸으로 1968년에 처음으로 선을 보였다. 이미 세계 100대 명품 와인 중 하나로 꼽히고 있으며 이태리에서 가장 값비싼 와인으로도 유명하다. 약간 진한 색상이 특징으로 타닌성분이 입 안에서 오래 지속되며 풍부한 과일향이 절묘한 조화를 이루고 있다. 카베르네 소비뇽과 카베르네 프랑의 절묘한 블렌딩은 사시카이야만의 오묘한 맛의 비밀이다.

Tenimenti Angelini, Val di
Suga Brunello
di Montalcino

- **생산국** : Italy
- **용도** : 테이블와인
- **요리** : 육류, 치즈
- **특징** : 잘 익은 과일의 아로마와 스파이시함, 과일향을 뒷받침해 주는 부드러운 타닌의 구조가 훌륭한 풀바디 스타일의 레드와인이다.

Biondi Santi,
Rosso di Montalcino

- **생산국** : Italy
- **용도** : 테이블와인
- **요리** : 육류
- **특징** : 강한 루비 레드 컬러를 띠며 수확철의 포도밭에서 풍기는 자연향과 섬세한 바닐라향이 잘 어우러진 강렬하고 독특한 아로마를 형성한다. 균형 잡힌 부드럽고 풍부한 맛이 입 안에 오래도록 지속된다.

Biondi Santi, Brunello di
Montalcino Riserva

- **생산국** : Italy
- **용도** : 테이블와인
- **요리** : 육류, 피자, 치즈
- **특징** : 짙은 루비 색상에 말린 장미꽃의 향과 함께 오감을 감싸주는 조화롭고 아름다운 향과 풍미가 놀라울 정도로 오래 지속된다. 자두, 딸기, 사과 등의 풍부한 과일향과 아몬드 같은 견과류의 향이 부드럽게 다가오며, 실크처럼 부드러운 타닌과 섬세한 풍미가 조화를 이루어 황홀한 피니시로 이어진다.

Tignanello

- **생산국 :** Italy
- **용도 :** 테이블와인
- **요리 :** 육류, 치즈
- **특징 :** 짙붉은 루비빛과 농익은 과일의 풍부한 향기와 오크 풍미를 지닌 와인이다. 벨벳 같은 타닌이 입 안을 꽉 채워주며 탄탄한 구조와 긴 여운이 뛰어난 장기숙성용 최고급 레드와인이다.

Barone Ricasoli, Rocca
Guicciarda Chianti
Classico Riserva

- **생산국 :** Italy
- **용도 :** 테이블와인
- **요리 :** 스테이크, 피자, 치즈
- **특징 :** 자줏빛 뉘앙스의 짙은 루비색을 띠고 블랙베리, 라즈베리의 달콤한 과일향과 오크 숙성의 기분 좋은 바닐라향이 전체적인 분위기를 리드하며 벨벳처럼 부드러운 타닌이 풍부한 과일향을 동반한 풀바디 와인이다.

Castello Banfi, Brunello
di Montalcino Riserva
Poggio all Oro

- **생산국** : Italy
- **용도** : 테이블와인
- **요리** : 스테이크, 치즈
- **특징** : 석류빛이 짙게 감도는 깊은 루비 컬러를 띠고 있다. 담배, 초콜릿향이 감도는 스파이시한 부케가 매우 고급스러우며 적당한 타닌과 부드러운 질감이 돋보이는 풀바디한 와인이다.

Poggio Salvi, Brunello di
Montalcino

- **생산국** : Italy
- **용도** : 테이블와인
- **요리** : 육류, 버섯, 치즈
- **특징** : 우아한 향과 부드러운 타닌과 구조감을 지닌 특별한 와인이다. 부드러운 타닌 속에서 스파이시함과 바닐라향을 중심으로 섬세하고 풍부한 향이 피어나며, 오감을 황홀하게 만족시켜 주는 아름다운 와인이다.

Barone Ricasoli, Brolio
Chianti Classico

- **생산국** : Italy
- **용도** : 테이블와인
- **요리** : 샐러드
- **특징** : 진한 루비색을 띠며 우아하고 지속적이며 강한 향과 함께 벨벳처럼 매끈한 재질감의 타닌이 조화를 이룬 풀바디 와인이다. 농익은 베리향과 제비꽃향이 전반적인 아로마를 형성한다.

Antinori, Solaia
Annata Diversa

- **생산국** : Italy
- **용도** : 테이블와인
- **요리** : 스테이크, 등심, 치즈
- **특징** : 체리와 블랙커런트의 풍부한 향기와 함께 오크향도 느낄 수 있다. 입 안을 부드럽게 감싸는 맛과 뛰어난 밸런스, 우아한 타닌성분을 지닌 최고급 레드와인이다.

- **생산국** : Italy
- **용도** : 테이블와인
- **요리** : 스테이크, 야채, 치즈
- **특징** : 풀바디하고 적당한 산도가 균형감 있고 묵직한 느낌을 준다.

Castello di Verrazzano,
Chianti Classico Riserva

- **생산국** : Italy
- **용도** : 테이블와인
- **요리** : 육류, 오리, 치즈
- **특징** : 풍부한 과일향, 바닐라 및 초콜릿의 풍미를 가지고 있으며 벨벳 같은 촉감과 뛰어난 구조 및 밸런스 그리고 긴 여운을 갖추고 있다.

Antinori, Pian Delle Vigne
Brunello di Montalcino

Guidalberto

- **생산국** : Italy
- **용도** : 테이블와인
- **요리** : 치즈
- **특징** : 블랙커런트의 과일향이 풍부하고, 약간의 스파이시한 향과 긴 여운이 강한 것이 특징이다. 끝맛이 부드러운 타닌과 함께 실크의 감촉처럼 부드럽다.

Ceretto,
Barolo Zonchera

- **생산국** : Italy
- **용도** : 테이블와인
- **요리** : 스테이크, 오리, 바비큐
- **특징** : 짙은 벽돌색을 띠고 자두와 카시스의 풍부한 과일향이 오크 숙성에서 온 토스티한 향과 조화를 이뤄 깊이 있는 아로마를 형성하며 스파이시한 기운이 개성을 제공하고 적당한 타닌과 알코올, 산도가 하모니를 잘 이룬 소프트하고 벨벳 같은 느낌의 풀바디 와인이다.

Marchesi Spinola
Moscato d'asti

- **생산국** : Italy
- **용도** : 디저트와인
- **요리** : 과일
- **특징** : 밝은 황금색을 띤다. 섬세하고 가는 버블이 길게 지속
  되며 친근하고 부담 없는 맛과 향으로 누구나 즐길 수 있으
  며 다른 어떤 맛으로도 대신할 수 없는 디저트와의 조화는
  와인 대중화의 전형이라 할 수 있다.

Braida, Brachetto d'Acqui

- **생산국** : Italy
- **용도** : 아페리티프와인, 디저트와인
- **요리** : 샐러드, 과일, 살라미
- **특징** : 생동감 있는 버블과 보랏빛의 옅은 붉은 루비색, 향기
  로운 부케에 잘 숙성된 붉은 과일과 말린 장미향과 달콤함
  과 부드러움이 스파클링과 함께 오랫동안 지속된다.

Farnese, Casale Vecchio
Montepulciano d'Abruzzo

- **생산국** : Italy
- **용도** : 테이블와인
- **요리** : 안심
- **특징** : 짙은 색상과 화려한 향기, 매우 농후하고 응축된 맛을 느낄 수 있다. 프렌치 오크통으로 4개월간 숙성되어 있어서, 매우 농후해서 풀바디 와인이지만, 균형이 잘 잡혀 있고 탄탄한 조밀감과 부드러운 맛을 느낄 수 있다.

Frescobaldi, Castelgiocondo
Brunello di Montalcino

- **생산국** : Italy
- **용도** : 테이블와인
- **요리** : 바비큐, 치즈
- **특징** : 자줏빛이 비치는 짙은 루비색으로 수려한 블랙체리, 크림과 리코리스 향을 느낀다. 바디이지만 믿을 수 없을 정도로 부드럽다. 강렬한 타닌, 벨벳과 같은 끝맛의 여운이 길다.

Le Macchiole, Bolgheri
Rosso

- **생산국** : Italy
- **용도** : 테이블와인
- **요리** : 치즈
- **특징** : 보랏빛이 반영된 진한 루비색을 띤다. 베리류와 육류의 아로마와 풍미를 지닌 매력적인 와인이다. 풍부한 검은 과일, 달콤한 허브와 프렌치 오크의 특성을 보여준다. 주시(juicy)한 타닌, 피망의 스파이시함, 바닐라, 작은 붉은 과일의 풍미가 풍부하다. 밸런스가 잘 갖추어져 있다.

Poliziano, Vino Nobile di
Montepulciano Asinone

- **생산국** : Italy
- **용도** : 테이블와인
- **요리** : 스테이크, 스파게티
- **특징** : 풍부한 자두와 초콜릿, 커피의 향이 느껴지는 풀바디 와인으로 실키한 타닌이 잘 정돈된 느낌을 준다. 매우 깊은 피니시를 선사하는 엘레강스한 와인이다.

Castello di Querceto,
Vernaccia di San Gimignano

- **생산국** : Italy
- **용도** : 아페리티프와인, 디저트와인
- **요리** : 돼지, 치즈, 초밥, 튀김
- **특징** : 물씬 피어나는 꽃향기가 아몬드의 고소한 풍미와 만나 세련미를 더하여 깔끔한 뒷맛이 인상적인 와인이다.

Giusti &
Zanza, Perbruno

- **생산국** : Italy
- **용도** : 테이블와인
- **요리** : 육류
- **특징** : 한 허브류와 함께 주시(juicy)한 블랙과일의 아로마와 풍미를 선사한다. 풀바디 와인으로 유순하고 잘 숙성하였다. 피니시에서 미량의 농익은 과일의 특성을 느낄 수 있다. 아주 훌륭한 시라이다.

Giusti &
Zanza, Dulcamara

- **생산국** : Italy
- **용도** : 테이블와인
- **요리** : 육류, 안심, 등심, 치즈
- **특징** : 아주 농도 짙은 보라색을 띤다. 체리와 커런트의 향과 함께 전형적인 카베르네 소비뇽의 아로마를 선사한다. 눈에 띄는 풍부한 타닌을 지닌 훌륭한 와인으로 부드럽고 섬세하다. 오랜 기간 숙성 가능한 훌륭한 잠재성을 보여준다.

Poliziano,
Mandrone di Lohsa

- **생산국** : Italy
- **용도** : 테이블와인
- **요리** : 스테이크, 스파게티
- **특징** : 잘 구워진 커피향과 과일향이 조화를 이룬 인상과 명인들이 만들어낸 와인답게 달콤한 타닌맛이 입 안에 가득 찬다.

Poliziano, Le Stanze

- **생산국** : Italy
- **용도** : 테이블와인
- **요리** : 육류, 아시아풍의 스파이시한 음식
- **특징** : 요람과 같은 바닐라에 감싸인 검은 과일과 꽃내음이 풍성하다. 단단한 구조에 순해져 가는 타닌이 장기숙성에 적합한 이 와인의 가치를 느끼게 한다.

Tenuta Monteti, Caburnio

- **생산국** : Italy
- **용도** : 테이블와인
- **요리** : 스테이크, 치즈
- **특징** : 루비색이 아주 충만하다. 밸런스가 아주 훌륭하고 상쾌한 알코올을 느낄 수 있다. 후추, 생강, 커리 그리고 타임 등의 허브류의 특성을 선사하고 여운이 오래 지속된다. 따뜻하고 햇빛이 잘 들었던 2006년은 훌륭한 타닌과 품위 있는 성격을 와인에 부여해 주었다.

Giannoni Fabbri, Cortona
Cabernet Sauvignon Vittorio

- **생산국** : Italy
- **용도** : 테이블와인
- **요리** : 육류요리, 양념된 가금류
- **특징** : 허브 민트의 매우 잘 익은 야생딸기 아로마를 지녔으며 두 번 이상 사용한 바릭에서 11개월 숙성시켜 강하지 않으면서 부드럽고 균형감과 지속성이 좋다.

Giannoni Fabbri,
Cortona Vin Santo

- **생산국** : Italy
- **용도** : 디저트와인
- **요리** : 회, 참치
- **특징** : 강렬하게 관통하는 꿀, 마카롱, 말린 과일의 특성이 인상적이며, 길게 지속되는 사랑스러운 질감은 독보적이다.

Collazzi, Otto Muri

- **생산국** : Italy
- **용도** : 테이블와인
- **요리** : 생선
- **특징** : 진한 노란색을 띠며 향이 아주 풍부하고 다양하다. 구운 헤이즐넛을 연상시키는 진한 풍미가 일품이며 피니시에서 느껴지는 특성들이 아주 정성들여 만든 와인이다.

Tenuta Monteti Monteti

- **생산국** : Italy
- **용도** : 테이블와인
- **요리** : 스테이크, 치즈
- **특징** : 블랙베리와 커피향을 따라 입 안 가득 우수한 타닌이 인상적인 풀바디 와인이다.

Riunite Lambrusco

- **생산국** : Italy
- **용도** : 디저트와인, 파티와인, 아페리티프와인
- **요리** : 육류, 치즈
- **특징** : 루비빛을 띠는 짙은 붉은색과 글라스에 부었을 때 나타나는 보랏빛 거품이 인상적이다. 당도 높은 Lambrusco 포도의 진한 달콤함이 코끝을 자극하고 전혀 거칠지 않은 묵직한 스위트함이 신선한 스파클링과 잘 어울려 입 안을 달콤하게 적셔준다. 한식, 양식, 중식 등 모든 음식과 잘 어울리며 피크닉 및 야외활동에서도 가볍게 마시기 좋다.

Riunite Bia

- **생산국** : Italy
- **용도** : 디저트와인, 파티와인, 아페리티프와인
- **요리** : 해산물, 파스타, 닭요리, 치즈 등
- **특징** : 화이트와인의 대표적인 품종인 소비뇽블랑과 트레비아노 가르가네가의 환상의 블렌딩으로 적정한 산도와 당도, 상큼한 천연 스파클링의 조화로 깔끔하며 상쾌한 청량감을 느낄 수 있으며, 해산물이나 파스타 등과도 잘 어울리며 잃어버린 식욕과 신진대사에도 좋은 영향을 주는 와인이다.

Riunite Raspberry

- **생산국** : Italy
- **용도** : 디저트와인, 파티와인, 아페리티프와인
- **요리** : 닭요리, 해산물, 파스타 등
- **특징** : 천연딸기의 절묘한 블렌딩으로 딸기의 진한 향과 달콤한 맛을 느낄 수 있는 약 발포성의 스위트와인입니다. 강렬함과 라즈베리 향수가 붉은 포도의 프루티노트와 함께 조화롭게 녹아 딸기의 진한 향과 달콤한 맛을 느낄 수 있다.

Lambrusco Merlot

- **생산국** : Italy
- **용도** : 테이블와인
- **요리** : 바비큐, 육류, 파스타 등
- **특징** : 짙은 루비색과 진한 보라색을 지닌 와인으로 자두의 향이 나며, 진한 과일과 부드러운 베리맛으로 끝마무리 되는 세미 드라이 와인입니다.

Lambrusco Grasparosa

- **생산국** : Italy
- **용도** : 파티와인, 아페리티프와인
- **요리** : 닭요리, 해산물, 파스타 등
- **특징** : 이태리의 대표적인 고급 스파클링 와인으로 리유니
  트 와인이 자신있게 추천하는 제품으로 루비 톤의 붉은색
  단맛이 나는 것이 특징이다.

Codarossa

- **생산국** : Itary
- **용도** : 테이블와인, 파티와인, 아페리티프와인
- **요리** : 닭요리, 해산물, 파스타 등
- **특징** : 이태리의 대표적인 고급 스파클링 와인으로 리유니
  트 와인이 자신있게 추천하는 제품으로 루비 톤의 붉은색
  단맛이 나는 것이 특징이다.

Movendo Moscato

- **생산국** : Italy
- **용도** : 디저트와인, 아페리티프와인
- **요리** : 샐러드, 케이크, 쿠키, 와플, 과일류 등
- **특징** : 골든 옐로우의 화려한 빛깔의 모스카토 모벤도는 사과, 복숭아의 달콤한 향과 더불어 무스크 향도 느낄 수 있는 달콤하고 상쾌한 느낌의 부담스럽지 않은 와인으로 간단한 모임 및 파티 등에 잘 어울린다. 또한 케이크나 과일, 간단한 쿠키 종류와 함께 곁들여 마시면 모스카토 모벤도의 풍미를 더욱 향상시켜준다.

Vivante Lambrusco

- **생산국** : Italy
- **용도** : 아페리티프와인
- **요리** : 피자, 파스타, 샐러드, 살라미 등
- **특징** : 짙고 검붉은 루비색의 섬세한 컬러에 강렬한 꽃 향기와 과일 향기가 어우러짐. 짙고 검붉은 루비 색깔과 풍부하고 섬세한 분홍빛 거품이 특징이다.

William Fevre Chabils 1er
Cru Vaillon

- **생산국** : France
- **용도** : 테이블와인
- **요리** : 닭요리, 디저트, 과일류 등
- **특징** : 백악 점토질과 이회토로 구성된 석회질 토양에서 자라난 포도로 만든 화이트와인으로 샤블리 특유의 미네랄을 잘 보여준다. 수확량의 50% 이상이 10~13개월간 프렌치 오크에서 숙성되며 나머지는 작은 스틸통에서 숙성된다. 과일이나 꽃 향이 풍부하며 살짝 느껴지는 미네랄이 유쾌함을 선사한다.

Chateau Taillefer

- **생산국** : France
- **용도** : 테이블와인
- **요리** : 닭고기, 각종 과일류
- **특징** : 잘 익고 달콤한 베리류, 블랙 올리브와 코코아 향기, 자두, 모카, 가죽 향이 일품이다. 샤또 따이유페르는 뽀므롤 지역의 "Iron" 성분이 풍부한 자갈 모래로 이루어진 토양에서 자란 멜롯을 주품종으로 생산한다. 이 샤또의 멜롯은 특히 알코올 성분이 높으며 부드러운 타닌과 언제, 어떤 빈티지이든 바로 마실 수 있는 매력을 가지고 있다.

Baby Bad Boy

- **생산국** : France
- **용도** : 테이블와인
- **요리** : 육류, 가벼운 디저트 등 치즈
- **특징** : 잘 다듬어진 균형 잡힌 밸런스를 보여주며, 입 안에서 풍부한 과일향과 맛을 느낄 수 있다. 스트로베리, 블랙커런트류의 붉은 과일향이 도드라짐.

Griviere Cru Bourgrois
Medoc

- **생산국** : France
- **용도** : 테이블와인
- **요리** : 해산물, 파스타, 닭요리 등
- **특징** : 밝은 루비컬러 감초, 블랙커런트, 바닐라 향을 느낄 수 있고 오크통 숙성으로 부드러워진 타닌과 복합적인 풍미를 지닌 부케향이 와인 전체를 감싼다. 메독 고유의 지나치게 중후하지 않으면서도 풍부한 맛의 조화가 잘 이루어진다. 파스타, 치즈 및 그릴에 구운 육류 등과 잘 어울린다.

- **생산국** : France
- **용도** : 아페리티프와인
- **요리** : 육류, 치즈, 각종 디저트 등
- **특징** : 열대과일, 그레이프후르츠, 수박 아로마 향이 진하게 올라오며, 멜론과 에프리컷의 부드럽고 상쾌한 맛과 세련된 끝맛이 좋다. 차갑게 해서 먹으며 해물요리와 잘 어울린다.

Saint Cosme Little
James White

- **생산국** : France
- **용도** : 테이블와인
- **요리** : 양고기, 오리고기, 육류요리
- **특징** : 블랙 체리와 이국적인 향신료의 느낌이 강한 육감적인 풀바디 와인이다. 와인의 바디감은 지중해 지역의 와인들이 지니고 있는 지나친 무게감을 갖지 않고 절묘한 균형을 이룬다. 불고기, 등심 등 한국요리와도 환상적으로 매치된다.

Clos des Papes,
Chateauneuf du Pape

M. Chapoutier,
Tavel Rose

- **생산국** : France
- **용도**: 아페리티프와인
- **요리** : 식전주, 해산물, 육류요리, 치즈
- **특징** : 시원하게 하여 식전주로도 내면 좋고 모든 요리와 잘 어울리는 이 와인은 100% 수작업에 의한 엄선된 포도를 사용하며, 2차 젖산 발효를 거친 와인이다. 잘 익은 살구향 및 체리향을 가지고 있는 우아한 와인이다.

Alter Ego Palmer

- **생산국** : France
- **용도** : 테이블와인
- **요리** : 붉은 육류와 강한 치즈
- **특징** : 1등급에 버금가는 슈퍼세컨드라 평가 받는 샤또 팔머의 세컨드 와인인 알터 에고("분신"이란 의미)는 샤또 팔머와 같은 밭에서 생산된다. 강렬한 아로마와 우아한 부케, 그리고 부드러움을 갖춘 마고의 떼루아를 잘 표현한 와인이다.

M. Chapoutier,
Ermitage Sizeranne

- **생산국** : France
- **용도** : 테이블와인
- **요리** : 잘 요리한 육류요리 또는 맛과 향이 진한 치즈
- **특징** : 가장 잘 익은 포도를 엄선하여 손 수확하여 생산하는 와인. 진하고 풍부한 과일향과 함께 감초와 스파이시한 향기를 느낄 수 있으며, 뛰어난 구조감과 세련된 맛, 집중된 타닌을 가진 장기 숙성형의 고급 와인이다.

M. Chapoutier,
Chateauneuf du Pape
'La Bernardine'

- **생산국** : Itary
- **용도** : 테이블와인
- **요리** : 다양한 육류요리 및 지방이 발달한 참치 등의 생선요리 등
- **특징** : 잔 자갈이 많은 계단형의 포도원에서 재배된 포도로 만들어지는 와인으로 구운 커피 및 체리향이 어우러진 복합적인 향기와 섬세하면서도 힘 있는 피니시가 매력적인 와인. 100% 수작업으로 수확한 포도를 12~15개월간의 숙성을 거친 후 병입한다.

Ruffino Riserva Oro
Ducale Chianti Classico

- **생산국** : Itary
- **용도** : 테이블와인
- **요리** : 육류, 치즈, 각종 디저트 등
- **특징** : 풍부한 과일, 적당한 알코올, 부드러운 타닌의 느낌이 스파이시한 기운과 완벽하게 밸런스를 이룬 탄탄한 구조감의 우아한 와인. 피니시에서 느껴지는 초콜릿과 커피의 기운이 깔끔하다.

San Felice Rosso di
Montalcino

- **생산국** : Itary
- **용도** : 테이블요리
- **요리** : 육류, 치즈, 각종 디저트 등
- **특징** : 훌륭한 구조감과 함께 풍부한 과일 맛을 느낄 수 있다. 장기 숙성을 해야 하는 부르넬로 디 몬탈치노에 비해 좀 더 짧게 숙성을 해서 쉽고 가볍게 마실 수 있도록 만든 와인이다.

Ruffino Riserva Ducale
Chianti Classico DOCG

- **생산국** : Itary
- **용도** : 테이블요리
- **요리** : 육류, 치즈, 각종 디저트 등
- **특징** : 전형적인 산지오베제의 바이올렛, 잘 익은 붉은 과일, 그리고 말린 자두 잼의 향이 강렬하게 느껴짐. 섬세하게 느껴지는 스파이시한 기운이 개성을 제공한다. 부드러운 타닌과 농익은 과일의 느낌이 적절한 산도와 밸런스를 잘 이룬 풀바디 와인이다.

Itynera Primitivo Salento

- **생산국** : Itary
- **용도** : 테이블요리
- **요리** : 해산물, 파스타, 닭요리 등
- **특징** : 바닐라, 후추 등의 향신료 향이 특징이고 묵직한 구조이지만 뛰어난 균형을 가지고 있으며 매우 섬세한 타닌의 여운이 길다.

M. Chapoutier, Cotes du
Rhone Villages Rasteau

- **생산국** : France
- **용도** : 테이블요리
- **요리** : 스테이크 등 각종 육류 및 불고기 갈비찜
- **특징** : 100% 손으로 수확하며, 와인의 일부분을 오크통에서
12~16개월간 숙성하여 블렌딩한 후 병입한다. 잘 잡은 맛의
균형과 구조감이 특징이다.

Domaine Pfister,
Gewurztraminer
Silberberg

- **생산국** : France
- **용도** : 테이블요리
- **요리** : 피자, 파스타, 샐러드, 살라미 등
- **특징** : 밝고 엷은 황금빛을 띠고 있으며, 진한 향신료와 장
미꽃잎의 신선한 향이 코끝을 자극하고, 이는 깔끔함과 우
아함의 미각으로 이어진다.

실기편

1. 샐러드조리

- Tuna Tartar with Salad Bouquet and Vegetable Vinaigrette
- Smoked Salmon Roll with Vegetables
- Waldorf Salad
- Potato Salad
- Sea-food Salad
- Insalata alle Mele

Tuna Tartar with Salad Bouquet and Vegetable Vinaigrette

Tuna Tartaro Con Insalata Bouquet Epinzimonio Di Verdure

샐러드 부케를 곁들인 참치 타르타르와 채소 비네그레트

INGREDIENT	UNITS	QUANTITY
Red tuna forozen	g	80
Green olive	ea	2
Caper	ea	5
Lemon	ea	1/4
Hot sauce	㎖	5
White pepper	g	2
Lolla Rossa	g	3
Green vitamin	leaf	5
Green chicory	leaf	5
water gress(물냉이)	stalk	2

INGREDIENT	UNITS	QUANTITY
Red paprika	ea	1/4
Winter mushroom	g	5
Onion	ea	1/4
Yellow paprika	ea	1/4
Cucumber	ea	1/4
Parsley	stalk	2
Dill	stalk	2
Olive oil	㎖	30
Vineger	㎖	15
Salt	g	30

 METHOD

1. 붉은색 냉동참치를 꽃소금을 물에다 녹인 후 담가 해동시킨다. 해동한 후 물기를 키친타월을 이용하여 닦는다.
2. ①번의 해동과정 중에 채소를 섞어서 깨끗하게 물에 담가 놓는다. 담가 둔 채소들을 꺼내둔다.
3. 참치는 다이스 형태로(4㎜)로 썰어 다진다.
4. 믹싱볼에 다진 참치와 다진 양파, 다진 케이퍼, 레몬주스, 다진 올리브에 올리브 오일, 핫소스, 다진 실파줄기, 소금, 후춧가루를 넣고 버무려 섞는다.
5. 비네그레트 드레싱 만들기 : 양파, 노란색 파프리카, 오이를 2㎜ 다이스 모양으로 썰고, 둥근 볼에 소금, 후추, 식초, 다진 딜을 넣고 잘 섞은 다음 올리브 오일을 서서히 부어주면서 거품기로 잘 혼합해준다.
6. 양념에 절여놓은 참치는 테이블스푼 2개를 이용하여 둥근 타원형 모양을 만든다. 처음 스푼 위에 참치 양념을 얹고, 다른 스푼으로 동그랗게 눌러가면서 작은 타원형을 만들면서 스푼자국이 안 남도록 만들어 낸다.
7. 채소 부케 만들기 : ②번의 씻어 놓은 채소를 이용하여 채소 부케를 만든다. 채소의 물기를 제거한 다음, 붉은색 파프리카는 5~6㎝ 크기의 채로 썰고, 붉은색 파프리카와 팽이버섯을 가운데에 놓고, 그린 비타민, 그린치커리, 롤라로사로 감싸준다. 이때, 그냥 놓으면 흩어지기 때문에 차이브(실파)를 이용하여 동그랗게 묶어준다. 그 위에 물냉이를 살짝 몇 줄기만을 얹어 모양을 낸다.
8. 그릇에 담기 : 그릇에 퀴넬 모양의 참치 3개를 접시에 동그랗게 담고 중간지점에 채소 부케(채소다발)를 놓는다. 참치 퀴넬 주변으로 채소 비네그레트 드레싱을 빙 둘러서 뿌린다. 부케 옆에 남아있는 딜과 처빌을 놓아 장식한다. 퀴넬 위에는 소금물에 살짝 절여놓은 붉은색 파프리카와 노란색 파프리카를 X자 모양으로 포개어 모양을 낸다.

---

 1. 다이스 형태로 썰어 다진 참치들의 결착력을 강하게 하기 위해 좀 더 다져주는 것이 좋다.
2. 참치들을 버무릴 때 참치의 결착력을 강하게 하기 위해 스푼으로 잘 버무려 준다.

Smoked Salmon Roll with Vegetables
Smoked Rotolo Di Salmone Con Verdure
채소로 속을 채운 훈제연어롤

INGREDIENT	UNITS	QUANTITY
Smoked salmon	g	120
Carrotes	g	40
Celery	g	15
Radish	g	15
Red pimeto	ea	1/8
Green pimeto	ea	1/8
Onion	ea	1/8
Horse radish	g	10

INGREDIENT	UNITS	QUANTITY
Lettuce	g	15
Lemon	ea	1/4
Fresh cream	mℓ	50
Parsley	stalk	1
Salt	g	5
White pepper	g	5
Capper	ea	6

 METHOD

1. 당근, 셀러리, 무, 홍피망, 청피망은 각각 0.3㎝로 채 썰고 소금물에 살짝 절인 후 물기를 빼고 마른 타월로 물기를 제거한다.

2. 양파는 다지기(chop)를 한다.

3. 홀스레디쉬를 거름기에 부어 국물을 빼낸다. 생크림을 믹싱볼에서 거품기를 이용하여 거품을 낸 후, 홀스레디쉬를 넣고 섞는다.

4. 길이 4㎝ 정도의 비닐을 깐 다음, 그 위에 얇게 슬라이스한 훈제연어를 세로로 넓게 깐다. 그 위에 채 썬 무, 당근, 청피망, 홍피망, 셀러리에 흰 후춧가루를 살짝 뿌린 다음, 가로(김밥 내용물을 놓는 형태)로 놓고 비닐을 동그랗게 말아준다. 내용물이 새지 않도록, 연어 슬라이스가 터지지 않도록 주의하며 단단히 말아준다.

5. 길쭉한 김밥모양의 형태가 되면 비닐을 벗겨내고 6등분으로 잘라낸다.

6. 접시 윗부분에 양상추를 놓고 연어롤 6등분을 반원 형태로 담는다. 양상추 위에는 다진 양파 1T, 홀스레디쉬 크림 1Ts, 케이퍼 1T를 놓고, 파슬리 줄기로 장식한 후 길게 썬 레몬을 기대어 세워 놓아 장식한다.

 1. 훈제연어는 가로로 넓게 슬라이스하는 것이 좋다.
2. 연어롤을 냉장시킨 후 썰면 롤의 모양이 예쁘게 나온다.

Waldorf Salad

Waldorf Salad

월도프 샐러드

INGREDIENT	UNITS	QUANTITY	INGREDIENT	UNITS	QUANTITY
Apple 1ea(L)	ea	1(300g)	Lemon	ea	1/4
Celery	g	30	Mayonnaise	g	20
Walnut	ea	2	Sugar	mℓ	10
Lettuce	lever	1	Salt	g	2

 METHOD ·

1. 호두는 미지근한 물에 불려 속껍질을 벗기고 1㎝ 정도의 주사위 모양
으로 자른다.

2. 셀러리도 껍질을 벗기고 1㎝ 정도의 주사위 모양으로 자른다.

3. 사과의 껍질과 속을 제거하여 1㎝ 정도의 주사위 모양으로 자른 다음
설탕물에 담갔다가 건져 물기를 제거한다.

4. 마요네즈에 설탕 약간과 레몬즙을 섞어 위의 재료들을 모두 넣어 버무
린 후 접시에 양상추를 깔고 담는다.

TIP 　1. 사과를 썰어 놓으면 색이 변하므로 소금이나 설탕을 넣은 찬물에
　　　 담갔다 건져 사용한다.
　　 2. 호두는 미지근한 물에 불려야 껍질이 잘 벗겨진다.

Potato Salad

Potato Salad

포테이토 샐러드

INGREDIENT	UNITS	QUANTITY
Potato	ea	1
Onion	ea	1/6
Parsley	g	2
Mayonnaise	mℓ	30

INGREDIENT	UNITS	QUANTITY
Lettuce	leaver	1
Salt	g	2
White Pepper	g	1

 METHOD

1. 감자는 껍질을 벗겨 1㎝ 정도의 주사위 모양으로 잘라 삶아서 건져 식힌다.

2. 양파와 파슬리는 각각 곱게 다진 다음 소창에 싸서 물에 헹구어 물기를 짠다.

3. 용기에 위의 재료를 넣고 마요네즈를 넣어 잘 섞어서 접시에 담는다.

TIP 포테이토 샐러드는 원래 껍질 채 찌거나 삶아서 껍질을 벗겨 1㎝의 정육면체로 썰어 사용해야 하지만, 빠른 시간에 하기 위해서 껍질을 벗긴 후 썰어서 삶아지면 여분의 물기를 따라내고 30초 정도만 뚜껑을 닫아서 수분을 제거한 후 사용한다.

Sea-food Salad
Insalata Sea-food
해산물 샐러드

INGREDIENT	UNITS	QUANTITY	INGREDIENT	UNITS	QUANTITY
Prawn(Medium)	ea	3	Olive oil	mℓ	10
Scallop(Medium)	ea	1	Lemon	ea	1/4
Mussel(Large)	ea	3	Vineger	mℓ	10
Onion	ea	1/4	Dill	stalk	2
Garlic	ea	1	Bay leaf	leaf	1
Spring onion	stalk	1	Celery	g	10
Green chicory	stalk	2	White pepper corn	ea	3
Lettuce	g	10	Salt	g	5
Lolla rossa	leaf	2	White pepper	g	5
Green vitamin	leaf	10	Carrotes	g	15

 METHOD
· ·

1. 그린치커리, 롤라로사, 양상추, 그린비타민을 깨끗하게 씻어서 물에 담가 놓는다.

2. 당근, 양파, 셀러리는 어슷 썰고 마늘은 으깨 놓는다.

3. 꾸르부용 준비하기 : 마늘, 양파, 당근, 셀러리, 흰 통후추, 소금, 월계수잎, 레몬, 물 300㎖ 정도를 놓고 냄비에서 끓인다. 끓은 육수는 채소를 걸러내어 꾸르부용을 준비한다.

4. 관자는 껍질을 제거하고, 내장을 다듬어낸다. 냉동을 사용할 경우에는 손질이 거의 되어 있는 상태이기 때문에 그냥 사용해도 된다. 홍합은 껍데기에 붙어있는 흡착이를 제거한다.

5. 꾸르부용(채소육수)에 새우, 관자를 반쯤 잠기게 한 다음 먼저 데친 뒤 꺼내서 식힌다. 그리고 피홍합과 중합을 살짝 데쳐 익힌 다음 꺼내서 식힌다.

6. 레몬 비네그레트 드레싱 준비하기 : 드레싱 볼에 레몬에서 짜낸 주스를 넣고 다진 마늘, 다진 딜, 식초, 소금, 후춧가루를 거품기로 저으면서 잘 섞은 다음, 올리브 오일을 조금씩 천천히 부어주면서 거품기로 잘 섞이도록 혼합한다.

7. 데친 관자, 새우는 적당한 크기로 3등분한다. 중합과 홍합에서 껍데기를 제거한 다음 드레싱을 붓고 잘 버무린다.

8. 레몬 제스트 만들기 : 레몬 껍질 흰 부분을 제거하고 노란 부위만을 채썰기 한 후 끓는 물에 살짝 데친 다음, 꺼내서 다른 팬에 물과 설탕을 조금 넣고 녹이다 레몬 껍질을 넣고 살짝 졸인다.

9. 채소 부케 만들기 : 롤라로사를 접시 위쪽에 놓고 양상추를 손으로 3~4㎝ 크기로 뜯어 위에 놓은 뒤, 그 위에 그린비타민, 그린치커리를 놓는다. 채소 위에 드레싱에 버무린 해산물 샐러드를 놓는다.

10. 해산물 샐러드 위에 레몬 제스트를 4~5개 올려서 모양을 낸다. 그리고 남아있는 드레싱은 시식하기 전에 뿌려서 제공된다.

TIP 레몬 제스트를 만들 때 시럽이 될 때까지 조려서 만든다.

Insalata alle Mele
Soncino Salad with Apple
인살라타 알라 멜레

INGREDIENT	UNITS	QUANTITY
Soncino	g	200
Apple	ea	1
Walnut feel	g	50
Emmental	g	150
Umeboshi plum pulp	ea	2

INGREDIENT	UNITS	QUANTITY
Extra virgin olive oil	tbsp	2
Sesame seeds	tsp	1
Balsamic vinegar	ml	50
Vinegar	cc	15

 ## METHOD

1. 사과를 씻어서 심을 제거하고 반달형으로 슬라이스한다(과일이 유기농으로 재배되었다면 껍질을 남긴다).

2. 에멘탈치즈를 정육면체로 자른다. 루콜라를 깨끗이 씻어 천으로 부드럽게 물기를 제거한다.

3. 샐러드를 볼에 넣고, 에멘탈치즈, 브뤼누아즈, 다진 호두와 다진 우메보시를 넣은 뒤 올리브유와 발사믹 식초, 소금, 후추를 넣고 소스를 만든다.

4. 소스에 잘 버무려 샐러드 볼에 담아 사과로 장식하여 서빙한다.

 ## 조리용어 해설

- Insalata :

- Mele :

- Soncino :

2. 어패류조리

- **Seppie Ripiene al Forno**
- **Seppie in Zimino**
- **Cannoli Siciliani**
- **Orata e Asparagi in Salsa alla Zafferano**
- **Sole Mornay**
- **Fish Meuniere**
- **French Fried Shrimp**

Seppie Ripiene al Forno
Baked Stuffed Squid
세피에 리피에네 알 포르노

INGREDIENT	UNITS	QUANTITY
Salt	pinch	
Eggs	ea	2
Capers	tbsp	1
Squid	g	200
Cuttlefish	kg	1

INGREDIENT	UNITS	QUANTITY
Grated cheese	g	50
Pepper		some
Mussels	g	500
Bread crumbs	g	200/300
Olive oil	cc	30

 ## METHOD

1. 갑오징어의 껍질을 왕소금으로 벗겨 깨끗이 손질한다. 물기를 제거하고 닦은 후 오징어를 다이스로 썬다.

2. 홍합과 조개류를 껍데기에서 발라낸 후 다이스로 잘라서 모두 믹싱볼에 넣고 작은 두 움큼의 빵가루와 1테이블스푼의 파머산치즈, 케이퍼를 다진 다음 달걀을 첨가해서 잘 섞은 후 소를 만든다.

3. 갑오징어에 속을 채운다. 이것을 사각팬에 물을 조금 붓고 담은 후 소금과 후추로 간한 후에 올리브유를 뿌리고 예열된 180℃의 오븐에서 40분간 구워서 중간에 뚜껑을 덮고 구워 꺼내서 서빙한다.

 ### 조리용어 해설

- Seppie ripiene al forno :

Seppie in Zimino
Cuttlefish Zimino
세피에 인 치미노

INGREDIENT	UNITS	QUANTITY
Beets leaf	g	500
Cuttlefish medium	g	600
Celery	stalk	1
Onion	ea	1
Parsley	bunch	1
Dry white wine	cup	1

INGREDIENT	UNITS	QUANTITY
Tomatoes	g	250
Extra virgin olive oil	cc	50
Salt	g	6
Pepper	pinch	
Baguette bread	ea	1/2

 METHOD

1. 오징어를 씻어 껍질을 벗긴 후 링으로 자르고 발은 두 가닥씩 잘라 준비한다.

2. 그 사이 냄비에 충분한 기름을 두르고, 양파와 셀러리, 파슬리를 볶다가 살짝 데친 비트잎을 잘라 넣고 잘 볶는다.

3. 달지 않은 화이트와인 한 컵을 부은 후 적어도 10분 동안 요리한다.

4. 그 후 오징어를 추가하는데, 소금과 후추로 간하는 것에 주의하며 10분 더 요리한다. 그 후 큐브로 자른 토마토를 추가한다.

5. 중불보다 세게 40분간 요리한다. (오징어의 잘린 크기에 따라 다르며, 너무 클 경우 시간이 오래 걸릴 것이다. 한 컵의 물과 소금을 추가한다.)

6. 토스트빵에 생마늘 향을 바르고 접시에 깔아 그 위에 담아 낸다.

 조리용어 해설

■ Cuttlefish :

■ Zimino :

Cannoli Siciliani
Sicilian Cannoli(not Dessert)
카놀리 시칠리아니

INGREDIENT	UNITS	QUANTITY
〈Dough〉		
Flour	g	350
Butter	g	30
〈Mix〉		
White wine	cc	30
Rich olive oil	cc	30
Egg white	ea	1

INGREDIENT	UNITS	QUANTITY
〈Filling〉		
Ricotta	g	300
Salt	g	2
Tuna	g	100
Green olives	g	30
Yellow pepper	ea	1
Pistachios	g	30
Chives	stalk	1
Paprika(R, Y)	ea	1/2

 METHOD ●

1. 밀가루, 버터를 잘 혼합하여 와인, 달걀 흰자, 오일을 넣고 반죽하여 휴지시켜 둔다.

2. 반죽을 너무 얇지 않게 편 후, 10cm 간격의 둥근 형으로 자른다.

3. 반죽을 둥근 틀로 찍어 밀가루를 바르고 대롱으로 말아서 가장자리를 달걀 흰자로 바르고 접착시켜 충분히 뜨거운 퓌레 올리브 오일에서 튀긴다.

4. 속은 리코타치즈와 소금, 잘게 썬 참치 또는 게살 또는 새우, 다진 블랙올리브, 다진 피스타치오, 차이브찹, 파슬리찹을 넣어 소 반죽을 만든다.

5. 빨강, 노랑 피망을 췰리엔느로 썰어두고 소를 파이핑 백에 담아 튀겨낸 카놀리에 채워 넣고 파프리카를 집어넣어 그린올리브로 장식하여 낸다.

 조리용어 해설

■ Cannoli :

Orata e Asparagi in Salsa alla Zafferano
Seabass with Asparagus and Saffron Sauce
오라타 에 아스파라기 인 살사 알라 차페라노

INGREDIENT	UNITS	QUANTITY	INGREDIENT	UNITS	QUANTITY
Seabass	fish	1	Potato starch	tsp	1
Asparagus	bunch	1	Salt	g	5
White wine	cc	100	Pepper	g	1
Saffron	g	1			

 ## METHOD

1. 아스파라거스 한 묶음을 데치고 껍질을 제거한다.

2. 농어를 손질하여 필레하고 두 장으로 준비하여 뚜껑 있는 팬에서 중불로 한쪽 필레를 팬의 바닥을 향하게 하여 굽는다. 1분 후 한 컵의 화이트와인을 넣고 3분간 요리한다.

3. 불을 끄고 5분 후에 한쪽 농어살 위에 아스파라거스를 올리고 한쪽 농어살을 위로 덮은 다음 소금, 후추를 넣고 200℃에서 굽는다.

4. 오븐 불을 끄고 10분 후 농어살을 접시에 담고 팬에 있는 생선요리 액체에 사프란을 넣고 전분으로 농도를 맞춰 생선에 끼얹어 제공한다.

5. 몇 개의 아스파라거스를 곁들여 서빙한다.

 ### 조리용어 해설

■ Seabass :

■ Asparagus :

■ Saffron :

Sole Mornay
Sole Mornay
솔 모르네

INGREDIENT	UNITS	QUANTITY
Sole	마리	1
Butter	g	20
Flour	g	20
Milk	mℓ	150
Cheese	ea	1/2
Fresh Cream	Ts	2
Fish Stock	mℓ	400
Onion	g	10
Salt	Some	Pinch

INGREDIENT	UNITS	QUANTITY
White Pepper	Some	Pinch
Cayenne Pepper	Some	Pinch
Lemon	ea	1/6
Bay Leaf	Leaf	1
Corn Pepper	Some	Pinch
Clove	ea	1
Parsley	Some	Pinch
Celery	Some	Pinch

 METHOD

1. 가자미는 깨끗이 씻어 껍질을 벗겨 살을 발라내고, 뼈로는 피시 스톡(Fish stock)을 만든다.

2. 생선살은 일정한 모양으로 만들어 냄비에 양파를 깔고 포칭(Poaching)한다.

3. 익힌 생선살을 접시에 담는다.

4. 버터, 밀가루로 화이트 루를 만든 다음 밀크를 넣고 끓여 화이트(베샤멜) 소스를 만든다.

5. 베샤멜 소스에 피시 스톡, 소금으로 간을 맞춘 후 생선살 위에 끼얹고 카엔페퍼를 살짝 뿌려준다.

TIP

1. 모양을 길게 펴주기도 하고 돌돌 말아서 꼬치로 꽂아 고정시키기도 한다.

2. 베샤멜 소스는 밀가루를 버터에 볶다가 우유로 늘려 준 것인데, 모르네 소스를 만들어야 하므로 여기서 피시 스톡이나 치즈 다진 것, 소금과 카이엔 페퍼를 넣어 준 후 생선살 위에 끼얹어 낸다.

Fish Meuniere
Pesce Meuniere
피시 뮈니엘

INGREDIENT	UNITS	QUANTITY	INGREDIENT	UNITS	QUANTITY
Sole	마리	1(300g)	Salt	g	2
Flour	g	30	White Pepper	g	2
Lemon	ea	1/2	Parsley	stalk	1
Butter	g	50			

 METHOD

1. 가자미를 4장 뜨기하고 껍질을 벗긴 후 소금과 흰 후추 섞은 것을 뿌리고, 레몬즙을 약간 뿌려 놓는다.

2. 의 생선을 앞뒤로 밀가루를 골고루 묻혀 놓는다.

3. 팬을 준비하여 알맞은 양의 버터를 넣고 ②의 생선을 앞뒤로 노릇노릇하게 굽는다.

4. 생선의 뼈를 바른 안쪽 살이 위로 오도록 접시에 담아낸다. 팬에 버터를 녹이고 소금, 후추와 레몬주스, 파슬리 다진 것을 넣어 버터레몬 소스를 만들어 생선에 살짝 뿌려 준다.

5. 파슬리와 레몬으로 장식하여 제출한다.

 1. 생선에 밀가루를 묻혀 버터구이 하는 것을 뮈니엘(Meuniere)이라 한다.
2. 생선의 길이가 일정치 않을 경우 두 쪽을 포개어 지져서 담을 수도 있다.

French Fried Shrimp
Francese Gamberetti Fritti
프렌치 프라이드 쉬림프

INGREDIENT	UNITS	QUANTITY	INGREDIENT	UNITS	QUANTITY
Shrimp	마리	6	Salt	Some	Pinch
Egg	ea	1	Pepper	Some	Pinch
Flour	g	60	Water	㎖	80
Lemon	ea	1/4	Sugar	g	2
Parsley	Leaf	1	Parsley	stalk	1

 METHOD

1. 새우를 깨끗이 씻어 머리, 내장, 껍질을 제거하고(꼬리는 남긴다), 배 쪽에 2~3회 칼집을 넣은 후 소금, 흰 후추로 간을 한다.

2. 달걀을 흰자, 노른자로 분리한 후 노른자에 물, 밀가루, 설탕을 넣고 가볍게 저어 튀김옷(반죽)을 만든다.

3. 흰자는 거품을 내어 ②의 반죽에 가볍게 섞는다.

4. 준비된 새우에 밀가루를 묻히고 반죽을 입혀 기름에 튀겨 접시에 담는다(레몬과 파슬리로 장식을 한다).

TIP 1. 달걀 흰자 거품은 너무 많이 넣지 않도록 한다.
2. 약 3큰술 정도만 넣고 가볍게 저어 준다.

3. 육류조리

- Involtint di Maiale
- Involtini di Verza
- Scaloppine al Lime e Arancio
- Cotoletta alla Milanese
- Petti do Pollo alla Pizzaiola
- Braciole alla Siciliana
- Vitello Rolls alla Napoliana
- Arrosto di Vitello
- Brasato al Barolo
- Atista di Maiale al Latte

Involtint di Maiale

Pork Rolls 'Involtint di Maiale'

인볼틴트 디 마이알레

INGREDIENT	UNITS	QUANTITY	INGREDIENT	UNITS	QUANTITY
Caper	g	50	Prosciutto	g	100
Pork brisket(차돌양지살)	slice	8	Salt	g	5
Olive oil	ml	100	Tomato sauce	g	250
Bread crumbs	g	200	Raisins	g	50
Dry red chilli	ea	2	Pork lard	g	30
Pine nut	g	30	Bacon	piece	5

 METHOD

1. 슬라이스한 돼지 허리살을 파운드를 이용하여 얇게 펼쳐지도록 두들긴다.

2. 프로슈토(삼겹살)와 물에 헹군 케이퍼, 물기를 짠 건포도, 파인너트를 모두 함께 다진다.

3. 곱게 다진 재료들을 그릇에 담고, 빵가루 한 줌을 첨가하여 잘 혼합한 후에, 얇게 편 돼지고기 위에 적당하게 나눈 충전물을 올려놓는다.

4. 각각의 고기 슬라이스를 잘 만 후, 베이컨을 이용하여 내용물이 나오지 않도록 말아준다. (꼬치로 꽂아준다.)

5. 프라이팬에 약간의 돼지기름과 올리브유를 조금 첨가하여 기름이 달궈지자마자 roulade를 넣어 갈색이 되게 익힌다.

6. 농도를 맞춘 토마토소스를 부어넣고, 소금과 곱게 다진 칠리고추를 첨가한다.

7. 뚜껑을 닫은 후 낮은 온도 오븐에서 1시간 30분 정도 익힌다.

8. 만일 cooking liquid가 너무 많이 졸아들면, 스톡 또는 뜨거운 물을 조금 보태준다.

 조리용어 해설

■ Maiale :

■ Involtint :

Involtini di Verza
Cabbage Rolls
인볼티니 디 베르차

INGREDIENT	UNITS	QUANTITY
Cabbage	head	1/2
Ground meat	g	300
Bread crumbs	ml	300
Egg	ea	1
Parsley	stalk	5
Whole tomato	g	500

INGREDIENT	UNITS	QUANTITY
Parmesan cheese	g	100
Garlic	clove	3
Olive oil	cc	50
Salt	g	3
Pepper	g	1

METHOD

1. 양배추를 반으로 잘라 깨끗이 씻은 후, 소금 넣은 끓는 물에 데쳐서 물기를 제거한다. 데치지 않고 바로 사용하면 잎부분이 부드러워지지 않고 부서질 수 있기 때문이다.

2. 미트볼을 만들기 위해 간 고기와 빵(스펀지 부분을 부순 것), 파머산치즈, 달걀, 다진 마늘, 소금 등을 잘 치대어 충전물을 준비한다.

3. 위의 혼합물을 잎의 중앙에 한 스푼씩 듬뿍 떠놓고 잘 덮은 뒤 싸서 볼과 같이 한 덩어리 형태(dumplings)로 만든다.

4. 팬에 오일을 두르고, Roll을 놓고 껍질을 제거한 후, 다진 토마토에 소금과 후추로 간한 다음 Roll 위에 부어 기름종이로 덮어주고, 180℃의 오븐에서 30분간 익혀준다.

5. 소스의 농도가 걸쭉해지면 완성된다.

 조리용어 해설

- Involtini :

- Verza :

Scaloppine al Lime e Arancio
Veal with Lemon / Orange Sauce
스칼로피네 알 리메 에 아란초

INGREDIENT	UNITS	QUANTITY	INGREDIENT	UNITS	QUANTITY
Veal meat	g	600	Orange juice	g	50
Butter	g	80	Flour	g	100
Oil	tbsp	2	Parsley	stalk	1
Lemon juice	g	50	Salt	g	3

 ## METHOD

1. 고기는 얇게 슬라이스하여 파운더(pounder)로 쳐서 얇게 만든 다음, 밀가루를 입힌다.

2. 팬에 버터와 오일을 넣어 가열한 후, 얇게 편 송아지고기를 넣어 Saute 한다.

3. 여기에 오렌지주스/레몬주스를 끼얹어주고, 물 한 스푼, 소금, 후추를 넣은 후 약불에 끓여준다.

4. 몇 분간 끓여 다진 파슬리를 넣고 잘 섞은 다음, 접시에 조심스럽게 담아 식사로 제공한다.

 ### 조리용어 해설

■ Scaloppine :

Cotoletta alla Milanese
Cotoletta alla Milanese
코톨레타 알라 밀라네제

INGREDIENT	UNITS	QUANTITY	INGREDIENT	UNITS	QUANTITY
Slice veal rock	piece	5	Butter	g	250
Egg	ea	5	Lemon	ea	3
Flour	cup	1	Salt	g	5
Bread crumbs	g	350	Pepper	g	3

 ## METHOD

1. 고기의 심줄과 기름기를 걷어내고, 1cm 두께로 자른 다음, 파운더로 쳐서 얇게 펼친다.

2. 손질한 고기에 소금, 후추로 간을 한다.

3. 밀가루를 입히고 달걀, 빵가루 순으로 옷을 입혀 식용유에 노릇노릇하게 튀겨낸다.

4. 레몬과 함께 제공한다.

 조리용어 해설

■ Milanese :

■ Cotoletta :

Petti do Pollo alla Pizzaiola
Chicken Brest with Tomato Sauce
페티 도 폴로 알라 피차이올라

INGREDIENT	UNITS	QUANTITY
Chicken brest	g	500
Prosciutto	g	100
Emmental cheese	ea	3
Tomato whole	ml	200
Caper	g	15
Anchovy	filet	2

INGREDIENT	UNITS	QUANTITY
Oregano	stalk	3
Olive oil	ml	30
Salt	g	3
Pepper	g	1
Butter	g	20

 METHOD

1. 간 토마토와 소금, 후추, 오레가노, 케이퍼, 안초비 등의 작게 자른 재료를 모두 함께 섞어 pizzaiola를 만든다.

2. 유산지 위에 닭 가슴살을 올려놓고 소금과 후추를 뿌려준다.

3. 프로슈토 한 장 또는 베이컨 슬라이스 한 장을 얹어주고, 닭 가슴살 filet 사이즈와 비슷하게 자른 에멘탈치즈를 한 장씩 얹어준다.

4. ③ 위에 pizzaiola소스를 필레 크기에 맞추어 듬뿍 얹어준다.

5. 버터 바른 그라탱 용기에 고기들을 차곡차곡 넣는다.

6. 200℃ 오븐에서 30~40분 정도 익힌다.

 조리용어 해설

■ Petti :

■ Pizzaiola :

Braciole alla Siciliana
Sicilian Veal Rolls
브라촐레 알라 시칠리아나

INGREDIENT	UNITS	QUANTITY	INGREDIENT	UNITS	QUANTITY
Veal meat	g	300	Pecorino cheese	g	100
Mozzarella	g	100	Egg	ea	1
Prosciutto	piece	8	Parsley	stalk	2
Toast bread	ea	5	Olive oil	cc	30
Milk	cc	100	Salt	g	3

 ## METHOD

1. 송아지고기를 사방 8cm가 되도록 사각형으로 자르고, 각각의 side를 바로잡아 준 다음, 위에서 소금을 솔솔 뿌려준다.

2. 주사위 모양으로 자른 모차렐라치즈, 사각형으로 자른 프로슈토햄, 우유에 적셔놓은 빵가루, 간 치즈, 달걀과 파슬리를 모두 혼합한다.

3. 사각형으로 모양을 잡은 고기 중앙에 위의 혼합물을 얹어놓는다.

4. 충전한 고기를 말고, 롤과 롤 사이에 사각형의 빵을 끼워넣은 후 꼬치로 롤 2개를 쌍으로 찔러서 고정시킨다.

5. 기름 바른 트레이에 veal roll을 얹고 200℃의 온도에서 20분간 구워낸다.

조리용어 해설

- Braciole :

- Siciliana :

Vitello Rolls alla Napoliana
Veal Rolls alla Napoliana
비텔로 롤스 알라 나폴리아나

INGREDIENT	UNITS	QUANTITY
Veal round scalope	g	500
Parsley	stalk	2
Garlic	clove	1
Pine nut	g	100

INGREDIENT	UNITS	QUANTITY
Salt	g	10
Onion	ea	1
Whole tomato	g	400
Olive oil	cc	50

 ## METHOD

1. 송아지 scalope를 놓고 파운더를 이용하여 넓게 편 후 소금, 후추를 뿌려준다.

2. scalope 위에 다진 파슬리와 마늘, 다진 양파와 잣 등을 섞은 것을 올려놓고 만 다음 실로 감아 묶어준다.

3. 올리브 오일을 두른 팬에 rolls을 익혀낸 후 토마토소스를 rolls이 잠길 정도로 부은 다음 조린다.

4. 완성되면 실을 풀고 접시에 담아 파슬리를 뿌려 낸다.

 ### 조리용어 해설

- Veal :
- Napoliana :

Arrosto di Vitello
Veal Roasted
아로스토 디 비텔로

INGREDIENT	UNITS	QUANTITY
Veal round loaf	g	500
Bacon slice	piece	5
Carrot	g	50
Onion	g	30
Celery	g	20

INGREDIENT	UNITS	QUANTITY
Olive oil	g	30
Salt	g	50
Pepper	g	20
Caramel sugar	g	50
Brodo	ml	600

 METHOD

1. 송아지고기 loaf를 손질하여 ficele한 후, 베이컨 슬라이스를 길게 끼워 넣은 다음 끈으로 묶어준다(ficeler).

2. 오븐용 사각 트레이에 loaf를 넣고, 페이잔느(paysanne)한 야채들을 넣는다. 그 위에 올리브 오일을 넣고 소금과 후추를 뿌린 다음, 손으로 간이 배도록 굴려준 후, 200cc 정도의 물을 붓는다.

3. 180℃의 오븐에 40분 정도 넣어 익힌다. (고깃덩어리의 크기에 따라 시간은 달라질 수 있다.)

4. 중간에 로스팅 팬을 꺼내어 화이트와인을 붓고, 다시 오븐에 잠시 넣어두었다가 꺼내어 brodo를 1/2 잠길 정도로 부어준다.

5. 작은 냄비에 설탕을 넣어 caramel sec을 만들어 물을 보충해 주고, 여기에 소금 간을 더해준다. (캐러멜)

6. 고기가 완전히 익으면 식힌 후에 슬라이스로 잘라서 준비하고, 고기를 익혔던 stock은 체에 거른 다음, 밀가루를 조금 넣어 풀어준 후 캐러멜 소스도 함께 넣어서 농도를 맞춘다.

7. 오븐 그릇에 고기를 차곡차곡 넣고 그 위에 소스를 충분히 부은 뒤, 오븐에 다시 넣어 따뜻하게 요리를 데워서 제공한다.

 조리용어 해설

- Veal :

Brasato al Barolo
Beef with Barolo Sauce
브라사토 알 바롤로

INGREDIENT	UNITS	QUANTITY
Beef	kg	1.3
Butter	g	30
Olive oil	g	30
Onion	ea	1
Garlic	clove	1
Carrot	ea	1
Stalk celery	ea	1
Laurel	leaf	3

INGREDIENT	UNITS	QUANTITY
Rosemary	pinch	1
Majoram	pinch	1
Cloves	ea	3
Cinnamon	stalk	1
Salt	g	5
Barolo wine	L	1
Eggplant	ea	1
Zucchini/Tomato	ea	1/2

 METHOD
● ●

1. 허브와 채소를 씻어서 잘게 썬다. 그것을 쇠고기와 함께 볼에 넣고, 바롤로와인 1리터로 절인다(타임, 월계수잎).

2. 하룻밤 절인 후에 고기를 색깔 내어 버터, 소금, 야채, 물 약간과 함께 냄비에 담고 건고추를 넣어 뚜껑을 덮고, 약불에서 3시간 동안 요리한다(부드럽게).

3. 요리한 고기를 확인한 다음 꺼내서 식힌 후 자른다. 그레이비소스(삶은 고기육즙과 미르포아를 갈아서 거른 다음 소금, 후추를 넣어 베르마니(beurre manie)로 몬테하여 끓여 만든다)를 뿌려 제공한다.

 조리용어 해설

■ Barolo wine :

Atista di Maiale al Latte
Pork Loin Milk
아티스타 디 마이알레 알 라테

INGREDIENT	UNITS	QUANTITY		INGREDIENT	UNITS	QUANTITY
Pork loin	g	800		Salt	g	3
White wine	cc	50		Pepper	g	1
Butter	g	50		Milk	cc	1,500
Rosemary	stalk	1		Mirepoix	carrot, onion, celery	
Sage	stalk	3				

 METHOD

1. 돼지 등심을 화이트와인에 약 1시간 마리네이드(marinade)한다.

2. 고기의 색깔을 내어 미르포아(mirepoix)를 넣고 볶다가 화이트와인을 넣어 졸여준다.

3. 여기에 세이지, 로즈메리, 소금, 우유를 넣고, 뚜껑을 덮고 낮은 온도에서 1시간 20분간 오븐에서 조리한다.

4. 오븐에서 꺼내 뚜껑을 열고 소스가 되직해질 때까지 조린다.

5. 소스는 체에 걸러 전분이나 밀가루로 농도를 맞춰 소금, 후추로 간하여 슬라이스로 썰어 접시에 담아 소스에 뿌려 나간다.

 조리용어 해설

■ Maiale :

■ Latte :

4. 파스타조리

- Gnocchi di Pastate
- Spaghetti alla Amatriciana
- Risotto ai Funghi
- Spaghetti alla Puttanesca
- Pasta Ragu alla Bolognese
- Penne alla Mozzarella Cheese Melanzane
- Tagliatelle all'uovo con Prosciutto Zucchine
- Tagliatelle Verdi alla Boscaiola
- Penne alla Calabrese
- Erbazzone(Torta di Erbe)
- Trofie con Broccoli
- Insalata di Riso
- Lasagne al Ragu alla Bolognese
- Fettuccine alla Papalina
- Pappardelle al Ragu di Pesce
- Tortelli Vegetali al Burro e Salvia
- Cannelloni
- Italian Classic Pizza
- Strudel di Verdure

Gnocchi di Pastate

Gnocchi Pasta

뇨키 디 파스타테

INGREDIENT	UNITS	QUANTITY	INGREDIENT	UNITS	QUANTITY
Potato	kg	1	Parmesan cheese	g	50
Flour	g	300	Salt	g	20
Egg	ea	2	Tomato sauce	g	300

 METHOD
. . . .

1. 끓는 소금물에 감자를 넣고 삶아 껍질을 벗겨 으깬다.

2. 으깬 감자에 밀가루와 달걀, 파르미자노치즈가루를 넣고 잘 반죽해 준다.

3. 반죽을 길게 밀고, 길이 2.5cm 정도로 자른 후 포크를 사용하여 모양을 낸다.

4. 소금과 올리브유를 넣은 끓는 물에 뇨키(gnocchi)를 넣어 익힌다.

5. 준비된 토마토소스에 잘 혼합하여 제공한다.

TIP 뇨키 반죽이 질면 밀가루를 넣어 농도를 조절한다.

 조리용어 해설

■ Gnocchi :

■ Pastate :

Spaghetti alla Amatriciana
Spaghetti with Bacon Sauce
스파게티 알라 아마트리차나(라치오 지역)

INGREDIENT	UNITS	QUANTITY
Spaghetti	g	500
Pork chuck (guanciale, 관찰레)	g	100
Parmesan cheese	g	100
Chilli pepper	ea	3

INGREDIENT	UNITS	QUANTITY
Salt	g	3
Pepper	g	2
Olive oil	cc	30
Tomato whole	g	300

 METHOD

1. 돼지 목살을 작게 조각내어 자르고, 오일을 부은 팬에서 연한 갈색이 나올 때까지 볶다가 토마토 pulp(과육)를 부어 10분 정도 끓이고, 후추 또는 칠리고추를 조각내어 넣는다.

2. 소금 넣은 끓는 물에 스파게티면을 넣어 삶고, 약간 덜 삶은 상태에서 불에서 내려 물을 따라내어 버린다.

3. 직전에 준비해 놓은 소스에 스파게티면을 바로 넣어 섞은 후, 잠시 익힌 다음 식사로 제공한다.

 조리용어 해설

■ Amatriciana :

Risotto ai Funghi
Risotto Mushroom
리조토 아이 풍기

INGREDIENT	UNITS	QUANTITY	INGREDIENT	UNITS	QUANTITY
Rice	g	320	Parmigiano	g	50
Mushroom	g	200	White wine	cc	100
Parsley	stalk	1	Court bouillon	cc	500
Onion	ea	1	Butter	g	100

 METHOD

1. 양파를 곱게 다져 버터 두른 팬에 넣어 Saute한 후, 껍질을 벗기고 다진 양송이 250g을 넣고 갈색이 나오도록 볶는다.

2. 쌀을 첨가하고, 화이트와인 반 컵을 부어준 후 와인이 증발되게 한다.

3. 한 번에 조금씩 뜨거운 스톡을 첨가해 주면서 계속 익히고, 반쯤 익으면 사프란을 넣은 후 계속 익혀준다.

4. 고객의 요구가 있을 시에는 같은 파머산치즈를 함께 제공한다.

 조리용어 해설

■ Risotto :

■ Funghi :

Spaghetti alla Puttanesca
Spaghetti of Puttanesca Style
스파게티 알라 푸타네스카

INGREDIENT	UNITS	QUANTITY	INGREDIENT	UNITS	QUANTITY
Anchovy fillet	filet	4	Red chilli(Dry)	ea	3
Garlic	clove	1	Tomato	g	500
Caper	tbsp	1	Salt	g	3
Olive oil	cc	30	Spaghetti	g	400
Black olive	g	100	Parsley	stalk	1

 METHOD . . . .

1. 안초비는 깨끗이 씻고, 뼈를 발라낸다.

2. 캐서롤 냄비에 기름을 붓고 마늘과 작은 조각으로 자른 레드 칠리페퍼를 넣어 Saute한다.

3. 마늘이 노릇노릇해지면 안초비를 넣고, 포크로 안초비를 으깬 뒤 올리브를 넣고 잘 볶는다(파슬리 첨가).

4. 껍질을 벗겨 작게 자른 토마토를 냄비에 넣고 케이퍼를 첨가하여 약 10분 정도 끓여 소스를 준비한다.

5. 익히는 동안, 소금을 넣어 끓인 물에 스파게티를 넣어 알덴테로 익혀 물을 따라낸 후, 준비된 ④의 소스에 바로 넣어 버무린다.

6. 파슬리를 뿌려준다.

 조리용어 해설

■ Puttanesca :

Pasta Ragu alla Bolognese
Meat Sauce
파스타 라구알라 볼로네제

INGREDIENT	UNITS	QUANTITY
Onion	ea	2
Celery	g	50
Carrot	g	300
Olive oil	g	50
Ground beef	g	300
Red wine	cc	100
Bacon	g	100
Brodo	ml	300

INGREDIENT	UNITS	QUANTITY
Whole tomato	g	300
Pasta	g	300
Bechamel sauce	g	300
〈Pasta〉		
Flour	g	300
Egg	ea	3
Olive oil	g	30
Salt	g	3

 METHOD

1. 양파와 셀러리, 당근을 같은 비율로 곱게 다진다.

2. 올리브 오일을 두른 팬에 넣어 Saute하다가 다진 고기를 넣고, 좀 더 잘 볶아준다.

3. 레드와인을 붓고, 데글레이즈(deglacer)한 후, 홀토마토 간 것을 넣어 섞은 다음, Brodo를 넉넉히 부어 1시간 내지 1시간 30분 정도 끓인다. (뵈르 마니에(beurre manie)로 농도를 맞춘다.)

4. 파스타 삶은 것을 위의 소스에 넣고 잘 섞어준다.

 조리용어 해설

- Bolognese :

- Ragu :

Penne alla Mozzarella Cheese Melanzane
Penne with Mozzarella Cheese Eggplant
펜네 알라 모차렐라치즈 멜란차네

INGREDIENT	UNITS	QUANTITY
Penne	g	300
Eggplant	ea	5
Parmesan cheese	g	100
Tomato sauce	g	300
Mozzarella cheese	g	200

INGREDIENT	UNITS	QUANTITY
Olive oil	cc	50
Salt	g	5
Pepper	g	2
Soy bean oil	cc	500

 METHOD

1. 끓는 물에 소금과 오일을 넣고 펜네를 6분 정도 삶는다.

2. 가지를 2mm로 슬라이스하여 튀겨서 준비한다.

3. 토마토소스에 펜네를 볶다가 모차렐라치즈를 넣고 소금, 후추를 뿌려 준비한다.

4. 가지를 차핑 디시에 깔고 펜네를 넣은 다음 가지를 접어 덮고 180℃의 오븐에서 40분간 굽는다.

5. 300g씩 잘라 서빙한다.

TIP 가지를 너무 Crispy하게 튀기지 않는다.

 조리용어 해설

■ Melanzane :

Tagliatelle all'uovo con Prosciutto Zucchine

Tagliatelle Egg and Prosciutto Zucchine

탈리아텔레 알루오보 콘 프로슈토 추키네

INGREDIENT	UNITS	QUANTITY
〈Dough〉		
Flour	g	200
Egg	ea	2
Salt	g	3
〈Sauce〉		
Tomato concasser	g	400
Prosciutto	g	150
Zucchine	g	150

INGREDIENT	UNITS	QUANTITY
Onion	g	80
Leek	g	60
Garlic	clove	3
Parmesan cheese	g	50
Olive oil	cc	30
Salt	g	3
Black pepper	g	2

 METHOD

1. 위의 리스트에 있는 재료들을 이용하여 반죽을 만든 다음, 휴지시켜 파스타 기계를 통과시켜 얇은 반죽을 만든다.

2. 햄은 작게 자르고, 양파와 leek은 기름을 살짝 두른 팬에 넣어 saute하다가 다진 토마토, 소금, 후추를 넣고 잘 섞어준 다음, 중불에서 약 45분간 끓여 소스를 만든다.

3. 소금을 넣고 끓인 물에 파스타를 넣어 삶아낸다.

4. Noodles을 삶는 동안 팬에 얇게 깔릴 정도의 오일을 붓고 뜨겁게 달군 후, 동그랗게 자른 '주키니호박과 마늘'을 넣어 익힌다.

5. 알덴테(al dente)로 익힌 파스타의 물을 따라내고 파스타와 토마토소스를 ④에 바로 넣어 noodles에 향이 배이도록 빠르게 저어준다.

6. 일반적으로 간 파머산치즈를 뿌려주고, 즉시 식사로 제공한다.

조리용어 해설

■ Tagliatelle :

■ Prosciutto :

■ Zucchine :

Tagliatelle Verdi alla Boscaiola
Tagliatelle Green Mushroom
탈리아텔레 베르디 알라 보스카이올라

INGREDIENT	UNITS	QUANTITY
〈Dough〉		
Flour	g	200
Spinach blanch	g	30
Egg	ea	2
Salt	g	2
〈Sauce〉		
Mushroom	g	200
Homemade sausage	g	150

INGREDIENT	UNITS	QUANTITY
Prosciutto	kg	1
Leek	ea	1
White wine	cc	50
Chive	g	30
Olive oil	g	30
Salt	g	2
Pepper	g	1

 METHOD

1. 시금치를 데쳐 곱게 다진 것과 달걀로 반죽을 만든 다음, 반죽을 랩에 싸서 약 30분간 냉장고에 넣어둔다.

2. 휴지된 반죽은 파스타 기계를 이용하여 얇은 반죽으로 민다(1.5mm).

3. 소스를 만든다. 베이컨은 1cm로 자르고, 올리브 오일 2tbsp을 넣은 팬에 베이컨을 볶고, 작게 자른 소시지와 함께 볶는다. 기름이 지나치게 빠져 나올 경우, 중간에 기름을 따라내어 버리고, 슬라이스한 대파와 도톰하게 슬라이스한 양송이를 넣어 함께 Saute한다.

4. 여기에 소금과 후추를 넣어 섞어주고, 와인 1/4컵과 허브향을 위해 다진 차이브를 넣어 중불로 불을 줄여 은근히 끓여준다. (소스 만들기 완료)

5. Noodles은 알덴테가 되면 물기를 따라내어 버리고, 소스에 바로 넣어서 버무려주는데, 불을 높게 올리고 소금을 넣어 빠르게 섞어주면서 간이 잘 배어들도록 한다.

6. 바로 식사로 제공토록 한다.

 조리용어 해설

- Verdi :

- Boscaiola :

Penne alla Calabrese
Penne Calabrese Style
펜네 알라 칼라브레제

INGREDIENT	UNITS	QUANTITY	INGREDIENT	UNITS	QUANTITY
Penne	g	400	Tomato puree	g	500
Anchovies	ea	2	Oregano		some
Black olive	g	100	Pecorino		some
Green olive	g	100	Salt		some
Capers in salt	g	30	Pepper		some
Tuna	g	150	Garlic	ea	2

 METHOD

1. 소스 팬에 3테이블스푼의 오일과 다진 마늘 한 쪽, 안초비를 넣고 볶은 다음 참치(tuna)캔을 넣어 볶아준다.

2. 소금, 오레가노, 후추를 첨가한 후 10분 정도 끓인다.

3. 끓는 소금물에 펜네를 삶아 건져둔다.

4. 준비된 소스와 함께 잘 볶은 후 파머산치즈를 넣고 볶아서 접시에 담아 서빙한다.

 조리용어 해설

■ Penne :

■ Calabrese :

Erbazzone(Torta di Erbe)

Erbazzone(Pie Herbs)

에르바초네

INGREDIENT	UNITS	QUANTITY
〈Dough〉		
Flour	g	250
Lard	g	70
Cold milk	g	100
Salt	g	5

INGREDIENT	UNITS	QUANTITY
〈Fill〉		
Beets leaf	g	800
Pancetta	g	200
Grated parmesan cheese	g	150
Butter	g	80
Garlic	clove	2

METHOD

1. 라드(하얗게 굳힌 돼지 비계)와 우유, 소금을 밀가루와 섞는다. 반죽을 냉장고에서 30분간 휴지시킨다.

2. 비트잎(청경채)을 소금물에 데친 후 물기를 충분히 빼고 남는 물을 짜낸 후 곱게 다진다.

3. 버터향료와 다진 마늘을 잘게 썬 베이컨을 첨가하고, 청경채를 잘라 넣어 잘 볶는다. 파머산치즈를 넣고 완전히 섞는다.

4. 반죽을 반으로 나누어 가능하면 얇게 2장을 밀어 준비한다.

5. 먼저 버터와 밀가루를 바른 빈 케이크 틀에 반죽 1장을 깔고 혼합물을 담은 뒤 반죽 1장을 덮고 녹인 버터로 표면을 칠한다.

6. 180℃에서 30분간 구워 오븐에서 꺼낸 후 식혀서 대접한다.

 조리용어 해설

■ Erbazzone :

Trofie con Broccoli
Trofie with Broccoli
트로피에 콘 브로콜리

INGREDIENT	UNITS	QUANTITY	INGREDIENT	UNITS	QUANTITY
Trofie pasta	g	350	Cloves	ea	2
Broccoli	g	300	Extra virgin olive oil	tbsp	4
Garlic	clove	2	Fresh cream	cc	100

 METHOD •

1. 브로콜리를 씻어서 소금물(약 2리터)이 든 냄비에 넣고 5분 동안 삶는다.

2. 브로콜리의 물기를 제거한 후(어느 정도는 물기가 있게) 4테이블스푼의 오일과 으깬 마늘 한 쪽을 넣은 팬에서 완전히 익혀 준비한다.

3. 브로콜리 팬에 트로피 파스타를 넣고 약불로 볶아준다.

4. 올리브 오일을 첨가하여 그릇에 담아 낸다. 페퍼콘 후추를 뿌려준다.

조리용어 해설

■ Trofie :

■ Broccoli :

Insalata di Riso
Rice Salad
인살라타 디 리소

INGREDIENT	UNITS	QUANTITY
Rice	g	300
Mozzarella	g	150
Ham slice	g	80
Olive oil	tbsp	4
Tuna in oil can	g	250
Green and black olives	g	50

INGREDIENT	UNITS	QUANTITY
Onions in vinegar	g	50
Gherkins in vinegar(pickle)	g	20
Boiled peas	g	80
Corn already 'cooked'	g	150
Lemon juice	tbsp	4
Eggs	ea	4

 METHOD

1. 보통 크기의 냄비에 소금물을 끓인 후, 쌀을 넣고 삶는다. 달걀을 삶아 준비한다. 핫도그 소시지도 삶아둔다.

2. 모든 재료는 옥수수캔과 피스 크기(브뤼누아즈)로 썰어 준비한다.

3. 믹싱볼에 준비된 재료(튜나 오일, 어니언 오일, 피클 오일)와 끓여둔 쌀을 넣고 올리브 오일, 소금, 후추를 넣어 잘 혼합한다.

4. 모차렐라치즈는 마지막으로 넣어 혼합한다.

5. 접시에 담아 달걀을 8등분하여 장식해서 서빙한다.

6. 차갑게 서빙되며 프리모로 먹을 수 있다.

 조리용어 해설

■ Insalata :

■ Riso :

Lasagne al Ragu alla Bolognese
Lasagna with Bolognese Sauce
라자냐 알 라구 알라 볼로녜제

INGREDIENT	UNITS	QUANTITY
Flour(hard)	g	200
Egg	ea	2
Oil	tsp	1
Salt	g	3
〈Ragu sauce〉		
Beef(chop)	g	250
Bacon(삼겹살)	g	250
Tomato(chop)	g	400
Carrot	ea	2
Celery	stalks	2
Onion	ea	2

INGREDIENT	UNITS	QUANTITY
Clove	piece	2
Olive oil	cc	50
Beef stock	cc	500
Mozzarella	g	50
〈Bechamel〉		
Flour	g	100
Butter	g	100
Milk	cc	500
Nut	g	5
Salt	g	3
Pepper	pinch	

 METHOD

1. 반죽하여 30분간 휴지시킨 후 3등분하여 직사각형으로 얇게 민 다음 끓는 물에 소금을 넣고 삶아 얼음물에 식힌 후 물기를 뺀다.

2. 돼지고기, 소고기 프로슈토와 양파, 당근, 셀러리를 곱게 다진다.

3. 채소를 버터에 볶다가 육류를 넣고 볶으면서 토마토페이스트, 오레가노를 넣고 충분히 볶은 후 육수, 소금, 후추로 간을 하여 20분 정도 은근하게 끓인다(볼로네제소스).

4. 팬에 버터, 밀가루를 넣고 볶아 화이트 루를 만든 다음 우유를 넣고 10분 정도 은근히 끓여 베샤멜소스를 만들어 소금, 넛멕으로 간을 한다.

5. 라자냐 팬에 버터를 바르고 파스타를 한 켜 깐 다음 위에 미트 라구소스, 베샤멜소스, 파머산치즈를 뿌리고 2~3회 반복한 뒤 마지막 층에 베샤멜소스와 파머산치즈를 뿌려 버터조각을 올린 다음 180℃의 오븐에서 30분 정도 갈색으로 굽는다.

 조리용어 해설

- Lasagne :
- Bolognese :

Fettuccine alla Papalina
Fettuccine Papalina Style
페투치네 알라 파팔리나

INGREDIENT	UNITS	QUANTITY	INGREDIENT	UNITS	QUANTITY
Fresh fettuccine pasta type	g	400	Eggs	ea	2
Ham(삼겹살)	g	100	Fresh cream	cc	100
Onion	ea	1/2	Grated parmesan cheese	tbsp	2
Butter	g	40	Salt	g	3
Fresh shelled peas	g	150	Pepper	g	1

 ## METHOD

파스타반죽

세몰리나 700g, 밀가루 300g, 달걀 10개, 올리브 오일 2tsp, 소금 약간

1. 양파를 버터에 볶고, 콩을 넣고 볶다가 브뤼누아즈로 자른 햄을 넣고, 소금과 후추로 간하여 고명을 준비한다.

2. 버터, 밀가루를 볶다가 물을 넣고 걸쭉한 베르마니(beurre manie)를 만든다. 여기에 달걀 노른자와 파머산치즈를 넣고 잘 젓다가 달걀 흰자를 휘핑하여 넣고 소스를 만들어 준비한다.

3. Fettuccine(파스타)를 충분히 끓는 소금물에서 삶고 물기를 뺀 후 ①에 볶다가 소스를 넣고 혼합하여 소테한다.

4. 후추, 파머산치즈를 뿌려서 즉시 서빙한다.

 조리용어 해설

- Fettuccine :

- Papalina :

Pappardelle al Ragu di Pesce
Pappardelle Pasta with Fish Ragout
파파르델레 알 라구 디 페셰

INGREDIENT	UNITS	QUANTITY
Pappardelle pasta	g	500
Cherry tomatoes	g	200
Black and green olives pitted	g	150
Swordfish diced	g	200
Anchovy fillets in oil	g	4

INGREDIENT	UNITS	QUANTITY
Garlic	clove	1
Parsley	bunch	1
Red chilli pepper	ea	1
Olive oil	cc	15
Salt	g	1

 ## METHOD

1. 양파, 참치(마구로)를 브뤼누아즈로 썰어 준비한다. 토마토는 4등분으로 썰어둔다. 올리브를 링으로 썰어 준비한다.

2. 양파를 올리브 오일에 볶다가 토마토, 파슬리를 넣은 뒤 마늘, 참치를 넣어 소테한다.

3. 여기에 파스타를 넣고 볶다가 소금, 후추를 넣어 접시에 담아 낸다.

 ### 조리용어 해설

- Pappardelle :

- Ragu :

- Pesce :

Tortelli Vegetali al Burro e Salvia

Tortelli Vegetable Butter Sage

토르텔리 베지탈리 알 부로 에 살비아

INGREDIENT	UNITS	QUANTITY
〈Dough〉		
Flour	g	250
Egg	ea	2
Olive oil	ml	30
Salt	g	3
〈For the filling〉		
Zucchini	g	100
Vegetable	g	100
Carrots	g	80
Leek	g	50

INGREDIENT	UNITS	QUANTITY
Onion	g	50
Celery	g	50
Lemon	ea	1/4
Parmesan	g	30
Olive oil	g	30
Ricotta cheese	g	100
Tomato paste	g	30
Parsley	stalk	5
Fresh cream	cc	50
Tomato sauce	cc	30

 METHOD

1. 오일에 leek, 당근, 셀러리, 양파를 다이스로 썰어 볶다가 다이스 주키니를 추가하여 볶는다.
2. 양념하여 그라인더로 갈아 강불에 4분간 빨리 저으면서 볶아준다. 혼합물에 파슬리 다진 것을 더해준다.
3. 총 중량이 3분의 1이 될 때 채소 pesto에 ricotta, 레몬제스트, 소금, 후추, 파머산치즈 2큰술을 추가한다.
4. 숙성된 도우 반죽을 롤러를 사용해 직경 7.5cm로 자르고 준비된 야채소를 놓고 대각선으로 접어 가장자리를 잘 눌러 양끝을 둥글게 접착시킨다.
5. 끓는 물에 소금, 오일을 넣고 알덴테로 삶아 물기를 빼고 생크림과 토마토소스로 뿌려 낸다.

 조리용어 해설

- Tortelli :

Cannelloni

Cannelloni

소고기를 채운 카넬로니

INGREDIENT	UNITS	QUANTITY	INGREDIENT	UNITS	QUANTITY
〈Cannelloni dough〉			Onion	g	70
Hard flour	g	120	Galic	g	15
Semolina	C	1	Red wine	ml	150
Egg	ea	2	Beef stock	ml	400
Salt	g	3	Butter	g	30
Water	ml	97	Parmesan cheese	g	100
〈Sauce〉			Clove	ea	2
Ground beef	g	500	Nutmeg	cc	15
Celery	g	30	Egg	ea	2
Carrot	g	50	Salt	g	3
Tomato whole	g	200	Pepper		some

 METHOD

1. 밀가루 강력분과 세몰리나가루를 섞어 우물 모양으로 만든 다음 미지근한 물과 나머지 재료를 넣고 약 10분간 치대며 부드럽게 반죽한 후 비닐봉지에 싸서 20분 정도 휴지시킨다.

2. 토마토홀은 건더기를 건져 잘게 다지고 즙은 따로 둔다.

3. 셀러리 · 당근 · 양파는 잘게 다지고, 마늘은 곱게 다진다.

4. 반죽은 0.2cm 두께로 얇게 밀어 10×7cm의 직사각형으로 자른 다음 끓는 물에 소금과 식용유 2~3큰술을 넣고 5분 정도 삶아 얼음물에 식힌 후 클로스에 건져 물기를 뺀다.

5. 팬에 버터를 두르고 마늘과 소고기를 노릇하게 볶다가 레드와인을 넣고 조린 뒤 양파, 당근, 셀러리, 토마토를 넣고 충분히 볶은 후 토마토즙과 육수를 붓고 은근하게 끓여 부드럽고 촉촉하게 익힌 후 클로브, 넛멕, 소금, 후추로 간한다.

6. 삶은 누들에 소를 넣고 로마노치즈가루를 뿌려 동그랗게 만다.

7. 코코테(베이킹접시)에 올리브유를 바르고 남은 소를 깐 다음 그 위에 카넬로니를 가지런히 놓고 치즈를 뿌려 200℃ 오븐에서 15분 정도 굽다가 위에 달걀을 풀어 골고루 뿌리고 치즈를 뿌려 다시 5분 정도 노릇하게 갈색이 나도록 굽는다.

 조리용어 해설

■ Cannelloni :

Italian Classic Pizza
Italian Classic Pizza
이탈리안 클래식 피자

INGREDIENT	UNITS	QUANTITY
Flour	kg	2
Yeast	g	40
Salt	g	20
Sugar	g	40
Olive oil	g	40

INGREDIENT	UNITS	QUANTITY
Water	cc	1,200
〈Pizza topping〉		
Mozzarella	g	100
Pizza sauce	ml	50
Basil	stalk	1

 METHOD

1. 계량된 미지근한 물에 생이스트, 소금, 설탕을 풀어준다.

2. 반죽기에 혼합된 재료와 밀가루를 넣고 처음 1단에서 3분간 반죽을 시작한다.

3. 밀가루가 반죽으로 뭉쳤을 때 2단으로 바꾸고 올리브유를 조금씩 넣어가며 13분간 돌린다.

4. 완성된 반죽을 떼어서 손가락으로 천천히 펴주었을 때 얇은 층의 막이 형성되면 완성된 것이다.

5. 피자도우를 200g씩 성형한 다음 밀대로 얇게 펴서 피자소스를 바른 다음 토핑하여 180℃의 오븐에 12분간 굽는다.

 조리용어 해설

■ Pizza :

Strudel di Verdure
Vegetable Strudel
스트루델 디 베르두레

INGREDIENT	UNITS	QUANTITY
〈Strudel dough〉		
Flour	g	250
Egg yolks	ea	2
Melted gully(olive oil)	tbsp	2
Water	cc	100
Salt	g	20
Melted butter for bruising	g	50
〈Ripieno〉		
Boiled carrots	g	300

INGREDIENT	UNITS	QUANTITY
Black olive	g	20
Spinach	g	50
Mushrooms	g	150
Edam cheese	g	50
Courgettes trifolati	g	150
Aubergines trifolati	g	100
Cooked ham	g	100
Boiled egg	ea	3
Tomatoes	ea	2
Basil	stalk	1

 METHOD

1. 스트루델 반죽을 준비하여 30분 정도 휴지시킨다. 당근 브뤼누아즈와 주키니를 바토네로 썰어 오일에 볶는다. 양송이를 슬라이스해 둔다.

2. 반죽을 최대한 얇게 펴 밀고 천 위에 올려 편 뒤 멜팅버터를 바른다. 볶아둔 당근, 호박, 가지, 양송이, 에멘탈치즈를 뿌려 올리고 프로슈토 햄, 슬라이스를 듬성듬성 올린다(소금, 후추, 파머산치즈).

3. 천을 이용하여 둥글게 말아서 올리브오일을 바르고 시트 팬에 담아 160℃에 50분 정도 굽는다.

4. 식혀서 자른 뒤 접시에 담아 서빙한다.

 조리용어 해설

■ Strudel :

5. 달걀조리

- **Spanish Omelet**
- **Cheese Omelet**
- **Sunny Side Up**
- **Egg Over Easy**
- **Egg Over Hard**
- **Egg Scramble**

Spanish Omelet
Spanish Frittata
스페니시 오믈렛

INGREDIENT	UNITS	QUANTITY
Egg	ea	3
Bacon	g	10
Onion	g	20
Mushroom	ea	1
Pimento	g	10
Tomato	g	30
Tomato Past or Tomato Ketchup	mℓ	15

INGREDIENT	UNITS	QUANTITY
White Pepper	Some	
Salt	Some	
Butter	g	15
Oil	mℓ	15
Parsley	Some Pinch	

 METHOD ·

1. 달걀은 소금을 넣고 부드럽게 풀어서 체에 내리고 베이컨, 양송이, 양파, 피망은 사방 0.5㎝가 되게 썬다.

2. 토마토도 껍질과 씨를 제거한 후 사방 0.5㎝가 되게 썬다.

3. 팬을 가열하여 버터를 녹이고 베이컨을 볶다가 양파, 피망, 양송이 순으로 볶은 다음, 토마토를 넣고 떫은맛이 없어질 때까지 볶다가 토마토케첩을 넣어 볶은 후 소금, 후추로 간을 하고 접시에 옮겨 담는다.

4. 오믈렛 팬에 식용유를 넣어 가열시키고, 달걀을 부은 다음 스크램블을 하고 반 정도 익었을 때 ③에서 만든 속을 가운데 배열하여 타원형이 되도록 말아준다.

5. 완성 그릇에 담는다.

 1. 아침식사의 일종으로 달걀 말이 속에 치즈를 잘게 썰어 오믈렛 모양을 만들기도 하고 달걀들과 섞어서 만들어 주기도 한다. 속 재료 없이 만드는 것을 플레인(plain) 오믈렛이라고 한다.
2. 속은 촉촉하되 달걀 물이 흐르면 안 된다.

Cheese Omelet
Cheese Frittata
치즈 오믈렛

INGREDIENT	UNITS	QUANTITY
Egg	ea	3
Cheese	pc	1

INGREDIENT	UNITS	QUANTITY
Butter	g	15

 METHOD

1. 치즈를 0.5㎝ 정도의 크기로 자른다.

2. 그릇에 달걀을 깨뜨려 넣고 잘 섞어준 후 치즈와 우유 또는 생크림을 넣는다.

3. 프라이팬에 식용유를 넣고 달구어지면 ②를 넣어 젓가락으로 저어 부드러운 스크램블 에그가 되도록 익힌 후 타원형으로 말아 접시에 담는다.

TIP 스페인식 달걀요리로 속재료에 베이컨, 야채들을 볶다가 토마토케첩이나 페스트를 넣고 소금, 후추로 간한 것을 달걀 말이 속에 넣고 오믈렛 모양으로 만든 아침식사의 일종이다.

Sunny Side Up
Sunny Side UP
서니 사이드 업

INGREDIENT	UNITS	QUANTITY	INGREDIENT	UNITS	QUANTITY
Egg	ea	2	Olive oil	cc	30

 ## METHOD

1. 달걀 전란을 유리 볼에 깨뜨려서 껍질 등 이물질을 제거한다.

2. 프라이팬에 올리브 오일을 넣고 달걀 노른자가 깨지지 않게 조심스럽게 놓는다.

3. 프라이팬의 온도가 너무 뜨겁지 않게 하여 밑에 바닥이 너무 익지 않도록 한다.

4. 달걀 흰자가 익기 시작하면 위에 뚜껑을 덮거나 또는 살라멘더 윗부분에 투명한 막이 생길 때까지 조리한다.

5. 뒤집지 않고 바로 접시에 놓는다.

조리용어 해설

■ Sunny :

Egg Over Easy
Egg Over Easy
에그 오버 이지

INGREDIENT	UNITS	QUANTITY	INGREDIENT	UNITS	QUANTITY
Egg	ea	2	Olive oil	cc	30

 METHOD

1. 달걀 전란을 유리 볼에 깨뜨려서 껍질 등 이물질을 제거한다.

2. 프라이팬에 올리브 오일을 넣고 달걀 노른자가 깨지지 않게 조심스럽게 놓는다.

3. 프라이팬의 온도가 너무 뜨겁지 않게 하여 밑에 바닥이 너무 익지 않도록 한다.

4. 달걀 흰자가 익기 시작하면 달걀을 뒤집어서 살짝 익힌다.

5. 다시 뒤집어서 접시에 놓는다.

TIP 노른자는 익지 않은 상태여야 한다.

Poached Egg

Poached Egg

포치드 에그

INGREDIENT	UNITS	QUANTITY
Egg	ea	2
Water	cc	500
Vineger	cc	50

INGREDIENT	UNITS	QUANTITY
Salt	g	5
English muffin	ea	2

 METHOD ·

1. 소금, 식초를 넣어 물을 끓여 90℃ 정도로 유지시켜 달걀을 넣고 3분
정도 포칭을 한다.

2. 잉글리쉬 머핀을 반을 자른 후 갈색으로 굽는다.

3. 구운 잉글리쉬 머핀 위에 포칭한 달걀을 올려 준다.

 조리용어 해설

■ Poached :

Egg Benedictine
Benedettino Egg
에그 베네딕틴

INGREDIENT	UNITS	QUANTITY	INGREDIENT	UNITS	QUANTITY
Egg	ea	2	Bonless Ham slices	g	60
Water	cc	500	English muffin	ea	2
Vineger	cc	50	Hollandaise sauce	gr	60
Salt	g	5	White wine	cc	50
Spinach	g	100			

 ## METHOD

1. 시금치를 질긴 부분을 제외하고 잎부분을 다듬어 끓는 물에 소금을 넣고 데친다.

2. 햄 슬라이스는 잘 구워서 준비한다.

3. 달걀 노른자, 식초, 화이트 와인을 넣고 홀렌다이즈 소스를 만든다.

4. 소금, 식초를 넣어 물을 끓여 90℃ 정도로 유지시켜 달걀을 넣고 3분 정도 포칭을 한다.

5. 잉글리쉬 머핀을 반으로 자른 후 갈색으로 굽는다.

6. 구운 잉글리쉬 머핀 위에 구운 슬라이스 햄을 깔고, 그 위에 시금치 데친 것을 볶아서 올려 주고 그 위에 포칭한 달걀을 올린 다음, 홀렌다이즈 소스를 위에 뿌려 준다.

 ### 조리용어 해설

■ Benedictine :

■ 저자 소개

최광수
현) 제주한라대학교 호텔조리과 교수
　　경주호텔학교 졸업
　　호텔경영학 박사
　　경주조선호텔(5년)
　　호텔신라제주(15년)

김병헌
현) 제주한라대학교 호텔조리과 겸임교수
　　경주호텔학교 졸업
　　제주하얏트호텔
　　제주해비치호텔 조리과장

NCS 서양조리 (II)

2015년 8월 1일 초판 1쇄 인쇄
2015년 8월 5일 초판 1쇄 발행

지은이 최광수 · 김병헌
펴낸이 진욱상 · 진성원
펴낸곳 백산출판사
교 정 편집부
본문디자인 강정자
표지디자인 오정은

저자와의
합의하에
인지첩부
생략

등 록 1974년 1월 9일 제1-72호
주 소 서울시 성북구 정릉로 157(백산빌딩 4층)
전 화 02-914-1621/02-917-6240
팩 스 02-912-4438
이메일 editbsp@naver.com
홈페이지 www.ibaeksan.kr

ISBN 979-11-5763-072-1
값 20,000원

● 파본은 구입하신 서점에서 교환해 드립니다.
● 저작권법에 의해 보호를 받는 저작물이므로 무단전재와 복제를 금합니다.